重庆市科委科普资助项目

科学也时尚：
孩子最想知道的生活秘密

王强　主　编
李玲　副主编

化学工业出版社

·北京·

本书通过轻松的文字、精美的图片介绍了与日常生活息息相关的科学知识，涉及"那些厨房里的秘密"、"那些穿在身上的秘密"、"那些美丽的秘密"和"那些家居生活的秘密"等方面，并提供了家庭小实验和互动活动，贴近生活、操作简便、安全，适合小学生、初中生及教师参考。

图书在版编目（CIP）数据

科学也时尚：孩子最想知道的生活秘密/王强主编．
北京：化学工业出版社，2015.12
ISBN 978-7-122-25229-6

Ⅰ.①科…　Ⅱ.①王…　Ⅲ.①化学-青少年读物
Ⅳ.①06-49

中国版本图书馆CIP数据核字（2015）第220520号

责任编辑：曾照华　　　　　　　　　　　　文字编辑：冯国庆
责任校对：蒋　宇　　　　　　　　　　　　装帧设计：王晓宇

出版发行：化学工业出版社（北京市东城区青年湖南街13号　邮政编码100011）
印　　装：北京画中画印刷有限公司
787mm×1092mm　1/16　印张7　字数108千字　2016年1月北京第1版第1次印刷

购书咨询：010-64518888（传真：010-64519686）　　售后服务：010-64518899
网　　址：http://www.cip.com.cn
凡购买本书，如有缺损质量问题，本社销售中心负责调换。

定　　价:38.00元

科学也时尚——

孩子最想知道的生活秘密

"科学"之对于大多数人而言，也许都被贴上了"严谨"、"严肃"、"艰涩"、"难懂"等不同的标签，这些刻板印象造成了人们意识中科学与生活背离的常见观点。也许这些观点对于科学活动本身而言的负面影响甚微，但是对于以"培养大众对科学的兴趣、科学思维习惯、科学技能等基本科学素养"为己任的科普活动而言却是明显不利的。如果大众对科学持续抱以"敬而远之"的态度，则将使科普活动想要传递"科学改变生活"基本理念的过程显得愈加困难。

"时尚"尽管同样被人们报以"标新立异"以及"奢侈"的偏见，但对"时尚"更一般的理解则包含了三层基本的含义，第一是"新"，第二是"为大众所熟悉"，第三则是"为大众所喜欢，流行"。如对"时尚"报以这样的理解，则恰与科普的精神相契合，即科普本身应该传播新的科学知识，这些知识应该与大众的生活密切相关并为大众所熟悉和崇尚。本书所指的"时尚科学"，将"时尚"与"科学"相结合，即指希望面向孩子开展科普活动时，通过聚焦大众的时尚生活趋势，以一些与大众熟悉的并与生活相关的新的内容作为载体，传播与现代生活密切相关的新的科学知识，并力图将之衍化为一种科普活动的新时尚。

如果您是一位自认为时尚或者喜欢追求时尚生活的辣妈辣爸，那么您就会发现，这本书可以教会您如何轻松地运用身边一些您熟悉的材料设计科学活动，在教授孩子科学知识，提高孩子科学观察能力、科学思维能力、科学动手能力的同时，让孩子自然而然地喜欢与您交流，并看到孩子崇拜的眼神。

　　因为这本书在撰写的过程中，拍摄了大量精美的实物图片，语言也尽量避免使用过多的科学术语，所以如果您没有太多的时间，孩子也可以轻松地独立阅读。但书中的一些生活化的科学实验，我们仍然希望辣爸辣妈能陪孩子一起完成。因为我们坚持这样一种理念，科学活动本身的价值不应仅仅停留在传播科学知识的层面上，它还可以成为一种父母与孩子交流的载体，或者成为一种孩子与孩子间社交的工具。

　　如果您真的与孩子共同参与了书中的一些活动，您也许就会惊奇地发现任何人都能很容易像热爱生活一样热爱科学，而不必受年龄、时间和空间的局限。如果您在阅读完本书后，确实有了如我们期待的感受，那么就是对我们最大的鼓励，以创作出更好的科普作品回馈读者。

　　本书由王强老师负责全书总的策划、分工和统稿，李玲老师参与了全书的策划、资料的收集、活动设计、图片拍摄、统稿和修订工作。邹奇霖在本书前期的策划和组织收集方面做了大量工作，陈明瑞、刘隆宇、陶春节、孙停停、周丽、王迩众、蒋红玉、徐子棋、王榆婷、郭一静、王有慧、刘金秀、沈炜参与了前期的策划和资料收集，郭润、吴娅妮参与了本书大量的后期编写和修改工作。本书得到了重庆市科学技术委员会科普项目基金的大力支持，在此表示感谢！

王　强

2015 年 7 月于西南大学

目录

第一章
那些厨房里的秘密

每一次烹饪的愉悦体验，

都离不开厨房里那些时尚工具的完美协助。

快速烹饪的高压锅，

功能强大的电饭煲，

容易清洗的不粘锅，

杀灭细菌的消毒柜……

它们都是厨房里的时尚明星，

在小小的厨房里，

上演着现代生活的科学话剧。

让我们即刻启程，

一起走进小厨房里的大世界吧！

1.1 快速烹饪的秘密武器

　　妈妈炖的骨头汤是许多小朋友都喜爱的鲜美食物，可是用砂锅来炖往往要炖上几个小时，小馋猫们可受不了这么久的等待，有没有什么方法可以快速炖好骨头汤呢？让我们一起来拜会一下快速烹饪大师——高压锅！

传统高压锅

智能高压锅

生活小调查

1.妈妈常用高压锅烹饪哪些食物？

高压锅炖骨头汤
（10～12分钟脱骨）

高压锅炖鸡
（15～18分钟脱骨）

高压锅煮八宝粥
（5～7分钟饭熟）

2.高压锅的锅盖与普通锅盖有什么区别?

高压锅盖正面

高压锅盖反面

普通锅盖正面

普通锅盖反面

3.高压锅在煮东西时有什么现象?（　　　）<可多选>

    A.没有什么明显现象

    B.发出呲呲的声音

    C.有气流从锅内喷出

    D.锅变形了

想一想

    高压锅特殊的锅盖，以及烹饪时奇怪的现象，这些该如何解释呢？它们与高压锅的快速烹饪有关系吗？

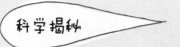

高压锅快速烹饪的秘密

　　与普通的锅不同，高压锅是一个密封的容器。加热时，水蒸气在锅内不断聚集，无法扩散到空气中，于是锅内的气压不断升高，形成高压的状态，所以我们称它为"高压"锅。

　　而水的沸点与气压密切相关，气压越高，则沸点越高。在标准大气压下，水的沸点约为100℃，而高压锅内的气压大于标准大气压，水可能在110℃，甚至120℃才会沸腾，水温提高了，食物自然熟得更快了。

知识窗

气压

　　气压，又称气体压强，是指作用在单位面积上的气体压力。从微观的角度来看，气压是由于大量气体分子不断运动，频繁撞击物体表面而产生的。我们的地球表面被一层厚厚的空气包围着，这便是地球表面大气压存在的原因了。

　　高压锅内的气压会无限上升吗？

　　当然不会。如果气压一直上升，这是非常危险的。高压锅里有一个限压阀，当气压达到一定程度时，高压锅的排气装置会把蒸汽排出，从而保证使用的安全。

安全使用高压锅

高压锅是厨房里的常见餐具，但因其会产生高压，在使用时也伴随着安全隐患，所以，我们一定要学会正确的、科学的使用方法。

定期检查：

① 检查限压阀、浮子阀，发现堵塞应立即清理；

② 如有漏气、生锈、高压锅变形导致扣合不严的情况，应立即停止使用并及时维修。

烹饪食物：食物不能装太满，应与锅沿留有适当空隙，否则会堵住限压阀。

洗高压锅：清洗高压锅时不能使用钢丝球，钢丝球会破坏锅面保护膜，减少锅的使用寿命。

使用寿命：高压锅的使用年限一般为5年，不可超龄使用。因为老化的高压锅具有潜在的危险。

如何安全使用压力锅

加入食物和液体时（沸腾时能产生蒸汽的液体，如水、汤、汁、酒），无论使用何种规格的压力锅，食物都不能超过锅身高度的2/3（图1）；当烹饪易膨胀的食物时，例如粥或脱水蔬菜，不能超过锅身高度的1/2（图2）。

图1　　　　　　　　　　　　　图2

某品牌高压锅说明书的部分内容

1.2 聪明的电饭煲

电饭煲

随着科学技术的进步，如今的电饭煲已不单单用于煮饭，而是集多种功能于一身，满足了现代人对炊具快捷、方便、多用途的要求，成为厨房中时尚炊具之一。今天让我们从电饭煲最原始的功能入手，一起去探寻聪明的电饭煲是如何工作的吧！

思考一下 ?

生活经验告诉我们，电饭煲煮饭并不会一直保持加热状态，而是会在恰当的时间自动切换到保温模式，正是这恰当的时间使得我们的米饭既不会没熟，也不会煳锅。那么聪明的电饭煲是如何识别恰当的时间的呢？它怎么知道米饭有没有熟呢？

做一做

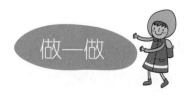

为了揭开电饭煲煮饭的秘密，大家可以做做实验，来一探究竟。不过大家可要注意了：

① 小朋友一定要在爸爸妈妈的指导和陪同下使用电饭煲；

② 用电有危险，插电插头和拔电插头时一定要请爸爸妈妈帮忙。

③ 节约是中华民族的传统美德，大家每次取少量大米进行实验即可。

项目	米的用量	水的用量	经过多长时间切换保温模式	切换时电饭煲内是否还有水	切换时米饭的软硬度
实验一	约150mL大米	约300mL	27min	有，较少	适中
实验二		约150mL	34min	没有	偏硬
实验三		约600mL	40min	有，较多	偏软

实验一   实验二   实验三

如果图片看不清楚，不妨自己亲手实验一下哦！

勤俭节约是我们中华民族的传统美德！实验二和实验三的米饭都没有完全煮好，但是不用担心它们因此就浪费了，只需要将它们和大量的水混在一起，用电饭煲继续煲成粥即可食用！

实验思考

我们发现如果水的用量不合适，聪明的电饭煲也会变得不聪明，不能煮出软硬合适的米饭，这说明水的用量是煮好米饭的一个关键因素。水的用量到底和煮米饭有什么联系呢？

聪明电饭煲煮饭的秘密

在加热时，电饭煲会不断提供热量，锅内的水会不断升温直至沸腾。当水沸腾时，水的温度将不会继续上升，而是维持在沸点，大约为100℃，此时电饭煲提供的热量将会被水蒸气带走。当水分蒸干后，电饭煲里的温度会开始上升，当锅底温度达到101～105℃时，电饭煲中的限温器将会断开加热电源，切换为保温模式。

因此，水的用量十分关键，水过少，则米饭不熟；水过多，则需煮很久；只有水量合适，米饭才能软硬合适。

水的沸点

常温下，水呈液态，当温度升高到一定程度时，水会开始沸腾，变为气态，即我们常说的水蒸气。水沸腾时的温度叫做沸点，当物质处于沸腾状态时，温度会维持在沸点，保持不变！

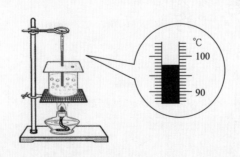

电饭煲的妙用

如今的电饭煲功能齐全，除了用来煮饭，你还会用电饭煲烹饪哪些美食呢？我们用电饭煲做了道"可乐鸡翅"，味道还不错哦！

第1步：如图所示，依次准备适量酱油、可乐、鸡翅。

酱油　　可乐

新鲜鸡翅

第2步：将鸡翅、酱油、可乐一同放入电饭煲里煮，至鸡翅煮熟就可出锅！

可乐鸡翅

电饭煲蛋糕

时下有一种非常流行的蛋糕，叫做电饭煲蛋糕。顾名思义，就是用电饭煲做出香甜滑嫩、色泽金黄的蛋糕。你想动手尝试一下吗？

工具：电饭煲一个；小盆两个；手动打蛋器一个。

食材：鸡蛋4个，低筋面粉100克，白糖、白醋、牛奶、调和油各少许。

步骤：

① 根据自己的需要，取适量鸡蛋、面粉、调和油、白糖、牛奶；

② 分离蛋黄和蛋清，用两个干燥的容器分别盛装；

③ 在蛋黄中加入少许白糖，用打蛋器打匀（温馨提示：如果没有打蛋器，可用筷子代替）；

④ 向蛋黄液中加入牛奶，继续打；

⑤ 将事先取好的面粉加入蛋黄液中，搅拌均匀（成功秘诀：如果有面粉粒，一定要用勺子将面粉粒研磨均匀）；

⑥ 向蛋清液中加入少许白糖，开始打蛋清（成功秘诀：打蛋器和盛装蛋清的容器都应是非常干燥的，否则会影响后面的结果）；

⑦ 当蛋清明显出现泡沫的时候，可以再根据各自的口味，加入少许白糖，继续将蛋清打得像老酸奶一样的固体，这个过程可能需要花费15 ～ 20分钟；

⑧ 将打好的蛋清与之前打好的蛋黄液混合均匀；

⑨ 给电饭煲涂抹上事先准备好的调和油；

⑩ 将混合均匀的蛋液倒入电饭煲；

⑪ 调节到煮米饭的模式，大概2分钟后，电饭煲会自动跳转到保温模式，此时不要揭开锅盖，只需要将蛋糕焖上20分钟，再按一下

电饭煲开关，同样调节到煮饭模式，大概2分钟后又会自动跳转到保温模式，再焖上20分钟，就蒸好了；

　　⑫ 热的蛋糕容易粘锅，不好取出，只需要等到蛋糕冷却，蛋糕就会自己缩小，此时再倒扣取出，切块儿便可食用。

1.3
食物如何在不粘锅里来去自如

　　锅是烹饪中最常用的厨具，一口锅的好坏影响着菜品质量。市场上锅的种类有很多，传统的主要有铁锅、砂锅、不锈钢锅等，但这些锅都有一个共同的问题——易煳，这不仅仅让锅壁不易清洗，更影响菜品的味道和外观。那么如何才能让食物不粘住锅，在锅里可以来去自如呢？让我们一起走近今天的主角——不粘锅！

不粘锅

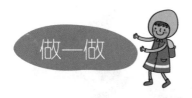

讨论一下

关于锅的使用，妈妈是最有话语权的。问问妈妈都使用过哪些种类的锅？与这些锅相比，不粘锅又有哪些优点呢？

做一做

炒土豆丝是一道简单的家常美味，可是在制作过程中却经常煳锅。那么请随我们一起分别用传统铁锅和不粘锅制作这道美食，看看会有什么结果？我们查阅资料得知，传统铁锅和不粘锅最大的区别在于不粘锅有一层薄膜，为了保证实验的对比性，我们采用去掉薄膜的不粘锅来代替传统铁锅。

不粘锅炒土豆丝

去掉薄膜的不粘锅炒土豆丝

如图所示，我们用去掉薄膜的不粘锅炒土豆丝时，与锅底接触的土豆被烧焦烧煳，情形不堪入目，而用不粘锅却未出现煳锅的情况，炒出的土豆丝色、香、味俱全！为何传统铁锅和不粘锅的区别如此明显呢？从两个实验的现象对比情况可以看出，这一定与不粘锅上面的薄膜有关！

食物为何在不粘锅里来去自如

传统锅具易煳锅是因为这些锅的导热性能不好，易产生聚热点，与聚热点接触的食物因温度过高很容易被烧得焦煳。而不粘锅的特殊之处在于锅的内表面涂有一层不粘涂层，涂层的材料具有导热良好、无毒、不粘、易于清洗的优良性能。因此，近年来涂有不粘涂层的不粘锅成为深受大众喜爱的厨房用具。

心形不粘锅

不粘锅的使用和保养

作为锅中的高端产品，其使用方式与传统锅具有一些区别，使用时应加以注意，才不会缩短它的使用期。

① 首次使用前，应先涂上一层薄薄的植物油进行保养，再清洗方可使用。

② 烹调时，须避免使用尖锐的金属锅铲，应使用塑料或木制的锅铲，以免损坏不粘锅涂层。

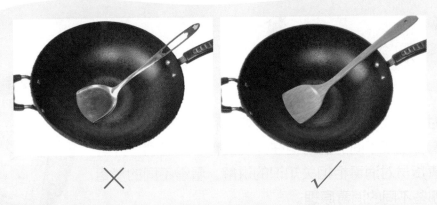

③ 不粘锅传热均匀，使用时只需用中火或小火。采用大火时，锅内必须有食物或水。

④ 使用后，须温度稍降再用清水洗涤，不能立即用冷水清洗。

⑤ 清洗时，切勿以粗糙的砂布或金属球用力擦洗，以免损坏锅内涂层。

1.4
消毒柜中的灭菌大战

你见过或者使用过消毒柜吗？消毒柜的操作方便吗？除了餐具，消毒柜还能给哪些物品杀菌消毒呢？

在如今的饮食理念中，我们追求的不单单是食物的营养美味，更注重的是它的卫生，而餐具作为与食物最亲近的小伙伴，只有对其进行有效的杀菌消毒才能保证我们摄入身体的食物是安全卫生的。那么我们应该怎样对餐具进行消毒呢？让我们一起了解一下由中国人首创发明的消毒柜吧！

观察一下

为了探究消毒柜的秘密，不如先和爸爸妈妈去商场看一看，观察不同的消毒柜在外观上有哪些区别，并听一听售货员对消毒柜相关知识的讲解，看看不同的消毒柜有哪些不同的消毒原理。

科学揭秘

消毒柜的分类

常见的消毒柜按照消毒原理大致可分为五类，分别为高压蒸汽消毒柜、电热消毒柜、臭氧消毒柜、紫外线消毒柜、组合型消毒柜。

① 高温蒸汽消毒柜：能够产生高温蒸汽将细菌和病毒统统消灭。

② 电热消毒柜：产生远红外线使柜内温度升高，利用高温消灭细菌和病毒。

③ 臭氧消毒柜：通过释放大量臭氧来杀菌消毒。

④ 紫外线消毒柜：使细菌和病毒在强烈紫外线的照射下失去生物活性。

⑤ 组合型消毒柜：将以上方式进行组合，协同作用，杀菌消毒的速度更快，效果更彻底。

臭氧

常温下，臭氧是一种淡蓝色气体，具有强氧化性，能够迅速破坏细菌、病毒等微生物的组成物质，达到消毒灭菌的目的。

此外，臭氧具有青草的气味，少量吸入对人体有益。雷雨过后，我们觉得空气清新，就是因为在雷电的作用下，空气中一部分氧气发生化学反应，产生了微量的臭氧。

臭氧的化学式

拓展阅读

消毒柜的使用细节

在消毒柜的使用过程中，有一些细节容易被人们忽略。

① 请勿用高温消毒柜处理彩瓷器皿，因为其上的釉质、颜料在高温时会释放有害物质。

② 不耐高温的塑料餐饮具也不适合用高温消毒柜消毒，而应使用臭氧低温消毒柜。

③ 非必要情况，请勿在消毒期间打开柜门，以免影响消毒效果。

④ 先将餐饮具沥干后再放入消毒柜，这样能缩短消毒时间和降低能耗。

⑤ 消毒柜应放置在干燥通风处，距离离墙应大于30厘米。

⑥ 消毒时，餐具应竖直，不要叠放，以便通气和彻底消毒。

立式消毒柜

1.5

保鲜大师——冰箱

在炎热的夏季，无论是新鲜的原始食材，还是已经制作完成的美食佳肴，其存放在室温下都会很快腐坏变质，这不仅对食物造成浪费，不小心食入变质食品还会危害到我们的健康，值得庆幸的是我们的身边有一位保鲜大师——冰箱，它可是冰冷了自己，保护了食物哦！

你有没有想过为何在炎热的夏季食物极易变质，而在寒冷的冬天食物就可以保存很久？食物保存时间与温度有怎样的关系呢？

冰箱

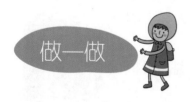
做一做

为了感受食物保存与温度的关系，让我们按照以下步骤动手做个小实验吧！

步骤1：准备一个苹果，从中间一切为二，分开放置在两个保鲜盒内，盖好盒盖，其中一个保鲜盒放于冰箱的冷冻层，另一个则于室温下存放。

步骤2：每天观察一次，认真比较两半苹果的颜色、形状，并记录下来。

第一天

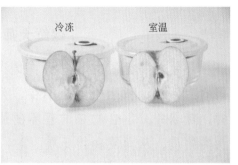

第二天

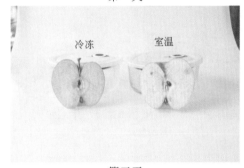

第三天

你能自己补充出后
面几天的照片吗？

第四天

请你将观察到的现象填写在下面表格中。

	冷冻层中的苹果	室温中的苹果
1天		
2天		
3天		
4天		
……		

好好的食物为何会变质呢？为什么低温保存的要好一些呢？

保鲜大师的保鲜秘密

　　导致食物变质的罪魁祸首是我们看不见、摸不着的微生物。在我们的生活中，微生物无处不在，为了生长繁殖，它们会入侵我们的食物，摄取并分解食物中的营养物质，排泄出有酸味和臭味的有机酸及肽类物质，从而使食物变质。

　　微生物的生长繁殖需要适宜的温度，通常室温适合于大多数微生物生存，而冰箱内的低温环境则不适合于微生物生存，因此冰箱能够抑制细菌的生命活动，从而延长食物的保存时间。

知识窗

冰箱如何制冷

　　在冰箱的内部有一种被称为制冷剂的物质——氟里昂，液态的氟里昂在-30℃就能沸腾，沸腾时会从冰箱内吸收大量热量，从而使冰箱内的温度降低。

　　气化后的氟里昂会在冰箱的压缩机和冷凝器的作用下再次变为液态，以便循环使用。

思考一下 ❓

　　冰箱的发明为现代人的食物保鲜带来了极大的便利，可是古代人并没有冰箱，他们又是采取哪些办法来保存食物呢？

拓展阅读

冰箱的妙用

　　① 去除辛辣味

　　在切洋葱等辛辣香料时，辛辣的气味会刺激人流泪，我们不妨先将洋葱等类似的食材放入冰箱冷冻1小时，待其中辛辣物质较为稳定后再切，便不会再被刺激流泪了。

　　② 饼干受潮可恢复

　　饼干受潮后则再不香脆，但若丢弃又很可惜，可将受潮的饼干在冰箱冷冻室放置24小时后取出，口感可恢复原来的酥脆。

　　③ 淡化苦瓜味

　　苦瓜具有清火的功效，但其苦味让一些人难以接受，若把苦瓜在冰箱里放置一段时间后再取出食用，其苦味便会淡很多。

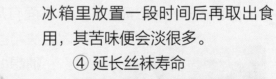

　　④ 延长丝袜寿命

　　丝袜容易被划破是女生的一大烦恼，而将新买的未拆封的丝袜直接在冰箱冷冻室放置1~2天可增加丝袜的韧度，延长丝袜寿命。

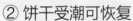

第一章　那些厨房里的秘密

1.6

厨房里的油污去哪儿了?

油在现代烹饪中具有不可替代的作用,无论是作为传热介质,还是为食物增香护色,油都是一个绝佳的选择。可是我们在用油进行美食烹饪的同时,油污却成了一个大煞风景的美食附加品,碗碟上、炊具上、墙壁上,油污都无处不在,那么谁能还我们一个清新洁净的厨房呢?

油污碗筷

体验一下

你帮妈妈洗过碗吗?用过的碗筷常常沾满了油污,可是妈妈手中的洗洁精总能使油腻的碗筷洁净如新,让我们一起动手体验一下吧!

讨论一下

碗筷上的油污去哪儿了呢?下面有几种猜想,你又有怎样的想法呢?快和爸爸妈妈讨论一下吧!

洗洁精刷碗

猜想1:油污被洗洁精溶解,然后被水冲走了。

猜想2:油污和洗洁精发生化学反应,最后溶在了水中被冲走了。

猜想3:＿＿＿＿＿＿＿(请写出你的猜想)

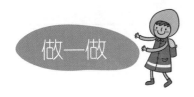

做一做

在科学的世界里，猜想总是需要用实验来验证的，为了探寻洗洁精去油污的秘密，我们不妨亲自动手做一做吧！

实验材料：杯子2个，筷子，植物油、洗洁精、清水各少许。

实验步骤：

① 向杯中加入半杯清水，再倒入适量的植物油（能覆盖水面即可），用筷子搅拌，然后静置，观察油水是否混合；

② 继续向杯中加入适量洗洁精，用筷子充分搅拌，静置一会儿后观察油水是否混合。

实验记录：_____

_____

实验反思：厨房里的油污去哪儿了呢？你有答案了吗？

厨房里的油污去哪儿了？

　　水和油是不相溶的，所以光凭水不能把黏附有油污的碗洗干净。而在洗洁精中含有大量的表面活性剂，表面活性剂具有乳化作用，既可以溶于水，也可以溶于油，能够使原本不相溶的水和油混合在一起。此时油离散为许多微粒分散在水中，从而被水流带走，达到去油的效果。

知识窗

表面活性剂

　　表面活性剂可以去污，这与它的结构密切相关。如图所示，表面活性剂是一种两亲分子，头部亲水，易与水结合，称为"亲水头"；尾部排斥水，但易与油结合，叫做"疏水尾"。

亲水头

疏水尾

表面活性剂结构示意图

拓展实践

除油污 有妙招

生活是一门深刻的学问，在除油污方面，洗洁精可不是一枝独秀，还有哪些方法能去油污呢？让我们按照下面的方法动手试一试吧！

1.废茶叶或牙膏除油污

餐具沾上过多的油污，可用废茶叶或一点儿牙膏，再加少许水进行擦拭，最后用清水冲洗即可。

2.水垢除油污

将水壶里的水垢取出研细，用湿布蘸上擦拭器皿，去污力很强，可以轻而易举地除掉陶瓷、搪瓷器皿上的油污，还可以把铜、铝炊具制品擦得明光锃亮，效果特佳。

3.白酒除餐桌油污

饭后的餐桌上总免不了沾有油污，用热抹布也难以拭净。如用少许白酒倒在桌上，用干净的抹布来回擦拭几遍，油污即可除尽。

4.鲜梨皮除焦油垢

炒菜锅用久了，会积聚烧焦了的油垢，用碱或洗涤剂都难以清洗干净，这时可用鲜梨皮放在锅里用水煮，烧焦的油垢很易脱落。

第二章
那些舌尖上的秘密

从古至今，
舌尖上的极致体验
一直是人们不懈的追求。
鲜滑爽口的皮蛋，
十里飘香的臭豆腐，
味道丰富的酱腌菜，
蓬松可爱的棉花糖，
健康无糖的木糖醇，
色彩诱人的蔬菜面食……
它们不仅是舌尖一瞬间的享受，
更包容着无数令人赞叹的智慧。
让我们一起探寻这舌尖上的秘密吧！

2.1 如何把鲜鸭蛋 "冻" 成皮蛋

皮蛋作为一种中国特有的美食，其蛋白富有弹性，蛋黄味道鲜美，是餐桌上一道常见的美食。可是你知道皮蛋是怎样制作的吗？为何这美味的皮蛋不经水煮，就由液态变成凝固态了？

拓展实践

让鸭蛋 "冻" 起来：制作皮蛋

剥开皮蛋后，可以观察到蛋清晶莹剔透，呈果冻状。那么皮蛋是怎么 "冻" 起来的呢？让我们一起动手制作皮蛋，在过程中寻找答案吧！

以前制作皮蛋时，要用到草木灰、水泥、生石灰、食盐等多种材料。现在，已经简化成一包 "皮蛋粉" 了，大家快准备好材料，和我们一起动手做一做吧！

主要材料：皮蛋粉一包，绿茶或红茶一小包，鸭蛋数枚，锯末。

第一步：将茶叶用沸腾的水泡开，滤出浓茶水备用，不要茶叶。一般情况下，一包皮蛋粉配150g茶叶水即可，水太多会让皮蛋粉太稀，不易附着在鸭蛋表面。

第二步：用一个容器来盛装准备好的皮蛋粉，将滤出的茶叶水分3～5次缓缓倒入容器，使皮蛋粉呈糨糊状。可根据自己的口味喜好，选择是否放入适量食盐。

温馨提示：皮蛋粉呈碱性，对皮肤有伤害，在整个过程中记得戴上手套！如果不慎弄到皮肤上，应立即用大量的水冲洗，再涂上一点儿食醋即可。严重者，请及时到医院就医。

第三步：给鸭蛋先裹上一层皮蛋粉，再裹上一层锯末。

第四步：将裹好的鸭蛋挨个放在纸箱中，将纸箱密封起来，放在阴凉处。如果是夏天，气温比较高，大概20天之后，就可取出食用。如果是冬天，大概需要30天。

想一想

　　皮蛋的制作过程你了解了吗？那么让鸭蛋"冻"起来的关键因素是什么呢？

科学揭秘

鸭蛋是这样"冻"起来的

皮蛋粉中含有碱性物质，而鸭蛋壳上有很多我们肉眼看不见的小孔，皮蛋粉中的碱性物质经蛋壳渗入到蛋清和蛋黄中，与蛋白质作用，致使蛋白质变性，变为凝固态。

正是由于皮蛋有这样的制作过程，所以皮蛋一般呈碱性，如若在食用前加入适量呈酸性的醋，可以调节口感。

知识窗

蛋白质的变性

蛋白质在高温、酸、碱等条件下，其结构会发生改变，失去生物活性。同时，在状态上一般也会从液态变为固态，不再易溶于水，这个变化的过程叫蛋白质的变性。我们常说的卤水点豆腐就是利用了蛋白质的变性这一原理制作而成的。

豆腐是怎么来的？

先将大豆加水磨碎成浆，煮熟之后滤去豆渣，得到的滤液就是我们常喝的豆浆。而豆浆的主要成分是蛋白质，向豆浆中加入少量的"卤水"使蛋白质变性，一刻钟后豆浆就变成了豆腐脑，将豆腐脑压实过后就是我们常吃的豆腐了。

大豆浸泡至发胀后碾碎

打豆浆，过滤后烧开

点卤

将豆腐脑压制成豆腐

2.2
十里飘香的臭豆腐

臭豆腐是我国的一种传统民间小吃，它闻起来很臭，但吃起来却很香，让人欲罢不能。可是你知道吗，臭豆腐其实是变质的豆腐哦！那么，变质的豆腐也能吃吗？

体验一下

其实，你大可放心！臭豆腐是将豆腐放到发酵液中发酵而形成的。在发酵过程中，有益的微生物在里面起作用，有害的微生物一般不易生成，就算生成了少许有害的微生物，在高温油炸中也会"死伤惨重"。所以虽然臭豆腐已经"变质"，但只要是正常生产和食用，对人体是没有害处的。经安全生产和检测过的臭豆腐非但不含病菌，反而含有许多种对人体有益的氨基酸，所以，臭豆腐其实是一种高蛋白、低脂肪的健康、营养美食！

全国各地的臭豆腐经营广告，很多都写着"不臭不要钱"，臭豆腐越臭，大家越是追捧！它就是那种不见其物、先闻其味的食物，有的时候，绕了几条街说不定还能闻到它的气味呢！如果你喜欢吃臭豆腐，那么你肯定忘不了那股销魂的味道吧！如果你没有吃过臭豆腐，那么一定要去尝试一下哦！

你知道臭豆腐为什么会散发出那股销魂的"臭"味吗？

"臭"从哪里来?

臭豆腐"闻着臭"是因为豆腐在含有微生物的发酵液中发酵腌制时,所含蛋白质会在蛋白酶的作用下分解成氨基酸。其中,一种名为硫氨基酸的物质经过充分水解,就会产生一种具有臭鸡蛋气味的气体,叫做硫化氢气体,所以我们会闻着很臭!

也正是因为蛋白质在发酵过程中分解成许多氨基酸,所以我们吃起来是美味可口的!

新鲜的豆腐　　　　　发酵中的豆腐　　　　　发酵好的豆腐

知识窗

氨基酸

氨基酸是构成生物功能大分子蛋白质的基本单位,赋予蛋白质特定的分子结构形态,使它的分子具有生化活性。蛋白质是生物体内重要的活性分子,包括催化新陈代谢的酶,所以氨基酸是人体必需的物质。大豆蛋白分解得到的氨基酸可以补充人体所需要的氨基酸,而且味道还很棒哦!

拓展阅读

如何辨别劣质臭豆腐

　　臭豆腐虽小，但制作流程却比较复杂，必须经过加卤、发酵和油炸等几道程序。在整个制作过程中，要求一直在自然条件下进行，而且对温度和湿度的要求非常高，一旦控制不好，很容易受到有害细菌的污染。

　　鉴别臭豆腐的优劣可通过"一看二嗅三掰"的方法来判断：

　　① 看放臭豆腐的水（发酵液）是否像墨水一样，如果太黑则不正常；

　　② 闻豆腐表面是否有刺鼻气味，如果刺鼻则是加入了氨水；

　　③ 掰开豆腐看一看，里面是否较白，如果色差大则质量不过关。

　　鉴别臭豆腐的优劣也是一门学问！你学会了吗？

拓展实践

时间再长一点，它会变成豆腐干吗？

　　豆腐放置一段时间后就"变质"了，但是"变质"之后的豆腐其实是变成了另外一种风味小吃，放置的时间是不是没有限制呢？如果时间再长一点，是不是就变成"豆腐干"了呢？跟爸爸妈妈一起查阅资料阅读一下、讨论一下或者亲自操作一下吧！把你的答案写下来哦！

2.3 "不老" 酱腌菜

为了保存食物，将常见的蔬菜腌制成能长久存放的独特美味，这是中国古代人给我们留下的智慧。如中国的榨菜、冬菜等，其味道是酸、咸、甜、辣样样皆有，历来都是人们钟爱的下饭菜。可是为什么这平常极易变质的蔬菜经过腌制以后就能长久保存呢？

酱腌菜

拓展阅读

变质的胡萝卜

新鲜蔬菜极易变质，很大程度上是因为微生物的存在。在生活中，微生物无处不在，因此蔬菜在运输、储存、销售等过程中都很容易被微生物污染。而微生物在生长繁殖过程中会分解食物中的营养素，破坏其中的蛋白质，使其发出臭味和酸味，所以蔬菜容易变质。但是，蔬菜被腌制后就不会被微生物分解变质了吗？我们一起来做个实验，你就明白了！

探索制作酱腌菜的关键秘密

步骤①：

准备一根新鲜的、水分充足的白萝卜。如图所示，切下形状大小相同的两块白萝卜，用餐巾纸把萝卜切面的水分吸干，然后分别放置在一个干净的保鲜盒内。

步骤②：

在其中的一片萝卜表面涂上盐，另一片不做处理。等待十分钟，然后观察两片萝卜的变化。

十分钟过去了，你观察到了什么？

我们发现涂了盐的萝卜的表面渗出了很多水分，甚至将盐都溶解掉了，而未处理的萝卜的表面则没有明显变化。

多放上几小时，我们会发现，涂了盐的白萝卜出现了很多水分，为了便于观察，我们在两个保鲜盒内分别滴下了一滴红墨水，并且把保鲜盒用毛巾垫高了一边。

为什么涂盐的萝卜表面会出现大量的水呢？这些水是从哪里冒出来的呢？这与酱腌菜制作又有什么关系呢？

酱腌菜"不老"的秘密

酱腌菜在制作过程中一般要经过盐渍和酱渍。在盐水和酱中均含有高浓度的食盐，具有很高的渗透压。

当微生物遇到这些高渗透压的溶液时，其细胞膜就相当于半透膜，细胞内的细胞液就成了低渗透压溶液，由于渗透作用，微生物细胞内的水分会流向细胞外，造成细胞脱水，就像盐粒使萝卜出水一样。微生物细胞在脱水后会暂停生长甚至死亡，美味的酱腌菜自然就青春常驻啦！

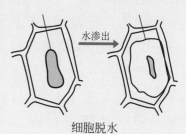

细胞脱水

渗透作用

渗透作用是指两种不同浓度的溶液隔以半透膜，水分子或其他溶剂分子从低渗透压（低浓度）的溶液通过半透膜进入高渗透压（高浓度）的溶液中的现象。

萝卜的细胞膜就相当于半透膜，当萝卜表面涂抹了大量的盐时，细胞外的渗透压就会高于细胞内的渗透压，萝卜细胞里面的水就穿过细胞膜跑出来啦！

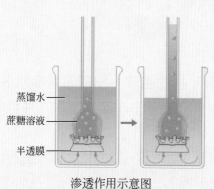

蒸馏水
蔗糖溶液
半透膜

渗透作用示意图

生活小贴士

在家庭烹饪中，为了保存食材，我们可以利用食盐腌渍这种方法，对肉、禽、鱼等起到防腐的作用。

此外，瓜果和蔬菜也可以利用这一原理来防腐。如西红柿酱开罐后，没有马上用完，会变质发霉，只要撒上一些盐，再倒上一点油，便可保存较长时间。

盐腌肉

生活小调查

相信你对食盐防腐的作用已经有所了解，食盐在生活中还有很多用途，如食盐可以杀菌，食盐的主要成分氯化钠可以配制生理盐水，冬天可以利用氯化钠来做融雪剂。那么，你知道食盐或氯化钠在生活中还有哪些用途吗？请把你的答案写下来！

棉花糖的前世今生

棉花糖有着萌萌的外形、绵软的口感和香甜的味道。每当路过那甜香四溢的棉花糖制作机，如云朵般可爱的棉花糖总能唤醒我们的食欲，让人忍不住买上一个。其实棉花糖就是由一勺普通的白糖变来的！白糖怎么能绽放成如此美丽的棉花糖呢？让我们一起来看一看棉花糖的传奇故事吧！

科学揭秘

棉花糖的华丽转变

从前世普普通通的一勺蔗糖蜕变成甜美诱人的棉花糖，中间经历的是难以想象的烈火炙烤。

棉花糖制作机的外形像一个大碗，机器中心部位是一个温度很高、能够高速旋转的加热器，加热器表面还有若干口径很小的孔。蔗糖颗粒首先在加热器中被加热熔化成液态的糖浆，随后由于加热器的高速旋转，糖浆从小孔中被甩到加热器外面的"大碗"中。由于大碗中的温度较低，从小孔中喷射出来的液态糖浆马上就凝结成固态的细糖丝，并且不会粘在一起，细糖丝不断地绕在一起也就成了我们看到的蓬松棉花糖！

蔗糖是一种粒状的立方体晶体。蔗糖晶体中的分子排列非常整齐，每个分子都有固定的位置，就像大家做广播体操一样整齐排列

着。当蔗糖进入了棉花糖制作机被加热熔化成糖浆后，分子的排列顺序就发生了改变，变得杂乱无章。随后甩出的糖浆由于快速冷却使得蔗糖分子之间没有时间排列整齐，因此蓬松的棉花糖不再是晶体了，而是由无数线状的玻璃状的蔗糖丝组成。

物质的三态变化

一般在不同的条件下，物质可以呈现出三种不同的形态，分别为固体、液体和气体，就像我们常见的冰、水和水蒸气，三态之间的转换可以通过改变温度或压强来实现。

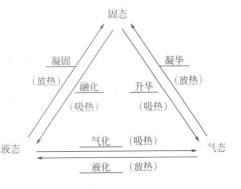

美丽的糖画

① 观察常温下白砂糖的状态、颜色，并填写在表格中。

② 用一个干燥容器装上适量白砂糖，小火加热，注意观察白砂糖的状态和颜色的变化。

③ 待白砂糖全部熔化后，用不锈钢汤勺迅速舀出熔化了的白砂糖，将其倒在白瓷盘底部画出你想要画的图案；待其冷却后，观察并继续完成表格中剩下的内容。

④ 把你的作品用小刀轻轻铲起来，即可食用！

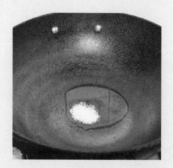

加热前	加热后	冷却后
项目	状态	颜色
白砂糖加热前	固态	
白砂糖加热后	液态	无色
白砂糖冷却后	固态	

2.5
甜蜜的烦恼

提起巧克力、慕斯、冰激凌等甜品，很少有人不流口水的，因为这些甜品不仅美味可口，还能带给我们甜蜜的幸福感！可是这些含糖食物的过多摄入会诱发蛀牙、肥胖等症状，尤其糖尿病人更承受着这想吃却不能吃的苦恼！

科学揭秘

不再为甜蜜而烦恼

生活中有一种物质很甜，但不含糖，是最常见的蔗糖替代品。它就是木糖醇！

木糖醇是一种从白桦树等植物中提取出来的天然甜味剂，其外观与蔗糖十分接近，甜度也与蔗糖相当，但并不是糖类，因此成为蔗糖的理想替代品。

木糖醇晶体

木糖醇的化学性质稳定，不会被口腔微生物发酵，具有预防蛀牙的功能；木糖醇在人体内代谢与胰岛素无关，而且还能促进胰岛素的分泌，是糖尿病人理想的代糖品；此外，木糖醇还能促进肠道中双歧杆菌、乳酸菌等益生菌增殖，能够调节人体肠道的免疫功能。

甜味剂

　　甜味剂包括糖精、阿斯巴甜、甜蜜素、木糖醇等，作为糖的替代品，甜味剂被广泛应用于食品工业。

含甜味剂的食品

　　很多人对化学存在偏见，认为只要是通过化学方法合成的，都是不好的。其实，这个观点是错误的。比如，化学合成的甜味剂就有三大好处。第一，它们大多不能提供能量，自然也不会引发与糖有关的疾病。第二，它们只需要蔗糖用量的几百分之一就可使食物达到相同的甜度。第三，使用甜味剂能大大降低食品的制作成本。

为何甜品让我们快乐?

　　美味的甜品常常带给我们甜蜜的幸福感觉，这是为什么呢？原来，在我们品尝甜品时，大脑会因为身体机能的刺激分泌出多巴胺。而多巴胺是一种属于神经递质的脑内分泌物，简单地说，它能影响大脑的感觉，传递兴奋和开心的信息。除甜品外，恋爱和购物等活动也能刺激大脑中多巴胺的分泌，让人感到甜蜜和亢奋。

　　神奇的多巴胺和人体内其他激素共同调控我们的身体状态及精神状态。现在你知道为何甜品让我们快乐了吧？

2.6

爱打扮的面食

你吃过蔬菜面吗？比起我们常吃的白色面条，五彩的蔬菜面让我们的生活变得更加丰富多彩，也使我们的食欲极大振奋！

各色蔬菜面

拓展实践

给面食穿彩衣

1.准备材料

油麦菜1把，胡萝卜2根，紫甘蓝1/3棵，清水，面粉。

2.步骤

① 将蔬菜切块：将胡萝卜、油麦菜、紫甘蓝切成小块，备用。

② 制备蔬菜汁：将切好的蔬菜块分别与适量清水一同放入榨汁机内打成浆，过滤出汁液，备用。

③ 和面、醒面：分别取适量各种蔬菜汁兑入面粉中，揉成光滑的面团，盖上保鲜膜松弛15分钟。

④ 擀面切面：将面擀成薄片，均匀抹上干面粉，可以用刀切成条状，做成面条；也可以擀成面皮，做彩色饺子、彩色包子等面食。

　　彩色的蔬菜面食不仅色泽诱人，营养价值也很高！普通的面食可为人体提供能量，但我们所需的维生素、无机盐等则大多需从蔬菜中摄取。因此将蔬菜与面粉结合做成的蔬菜面是种既时尚又营养的健康食品。

色素

　　能够让面食呈现五彩斑斓的颜色，是因为蔬菜汁里面有色素。色素分为天然色素和人造色素。天然色素来源于天然植物的根、茎、叶、花、果实和动物、微生物等，其中可食用的色素称为食用天然色素，如蔬菜中含有的叶绿素和类胡萝卜素等。人造色素主要从煤焦油中提取，或以芳烃类化合物为原料合成。人造色素因其颜色多样、附着能力强等

紫甘蓝色素

优势占据了广大的色素市场。

　　红色色素是目前最安全的色素之一，它的应用十分广泛，豆腐乳、香肠、火腿肠等食品中都有它的身影。

　　黄色色素是出镜频率极高的色素，橙汁饮料、橘子糖中都有添加。虽然天然的胡萝卜素可以提供黄色，但它易受环境光线和温度等影响，并且有一股特殊的味道，所以在饼干中使用的是更稳定的人造色素——柠檬黄或日落黄。

　　天然蓝色的花青素，很容易受酸碱度的影响，所以在蓝色食品上使用的基本都是人造色素——靛蓝和亮蓝，蓝莓系列的食品通常都有添加。

　　有了红、黄、蓝这三原色，我们的食品就变得五彩斑斓了！

　　科学家研究发现，蔬菜的营养价值与蔬菜的颜色深浅是密切相关的。一般情况下，颜色越深的蔬菜，其营养价值越高，即对于绿色、红色、黄色、白色的蔬菜，它们的营养价值依次降低，但这并不意味着只吃绿色蔬菜就是科学的。营养学家建议，人们在膳食中应注意"四色"的协调与搭配，这样不仅可以增进食欲，还可以在一定程度上避免因偏食而造成的营养不良等症状。

各色蔬菜

第三章
那些穿在身上的秘密

作为日常生活必不可少的一部分，
衣服被人们赋予了各种各样的功能，
维持体温、抵御严寒的保暖衣，
色彩丰富、彰显自我的时装衣，
阻挡雨水、便携轻薄的防雨衣，
炫酷时尚、保障安全的发光衣，
……
它们以多元化的功能装点着我们的生活，
而在每一种功能的背后，
都凝聚着科学的智慧与人类对生活的热爱。
让我们一起走近衣服的世界，
去探索这近在咫尺的秘密吧！

3.1 保暖衣的秘密

"衣"是人类生活的重要组成部分。在传统观念中，衣服能够反映出一个人的社会地位、经济地位、民族归属以及审美情趣等。但往古代追溯，衣服的主要功能是帮助祖先抵御严寒，即使在今天，提升衣服保暖效果依旧是重要的研究课题。那么为什么衣服能保暖呢？难道衣服能发热？这看似寻常的现象里又包含着怎样的科学道理呢？

做一做

让我们一起动手做个小实验吧！

实验一

猜想：衣服能够抵御寒冷是因为衣服能够发热。

实验材料：普通玻璃杯两个、棉衣一件、温度接近室温的水。

实验步骤：

① 于两个杯子中加入等量的接近室温的水，其中一杯用棉衣包裹，另一杯水不做处理，然后放置在相同的室温条件下；

② 20分钟后，用温度计检测两杯水的温度是否相同。

实验现象：包裹了棉衣的水的温度并未升高，两杯水温度几乎相同。

实验结论：棉衣_____（"能"或"不能"）发热。

实验二

猜想：衣服能够抵御寒冷是因为衣服能够阻止热量散失。

实验材料：普通玻璃杯两个、棉衣一件、适量的热水。

实验步骤：

① 于两个杯子中加入等量的、温度相同的热水，其中一杯用棉衣包裹，与另一杯水一同放置在相同的室温条件下；

② 15分钟后，用温度计检测两杯水的温度。

实验现象：两杯水的温度均降低，但包裹了棉衣的水，温降低得较少。

实验结论：棉衣_____（"能"或"不能"）阻止热量散失。

科学揭秘

通过实验我们知道了，衣服保暖是因为衣服能阻止我们身体热量的散失，那么衣服是如何阻止身体热量散失的呢？

衣服保暖的秘密

以厚厚的棉衣为例，棉衣里的棉花纤维中有着许多充满空气的空隙，这些空隙中的空气被牢牢固定，在身体和外界低温环境之间形成了一个富含空气的隔离层，既可以阻止外面的冷空气钻进来，又可以阻止衣服内的热气跑出去，从而阻碍了热量的传递，达到保暖御寒的效果。因此，如果把蓬松柔软的棉质衣服压结实，赶走其中的空气，衣服的保暖效果就会变差哦！

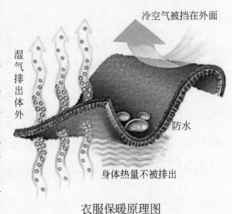

冷空气被挡在外面

湿气排出体外

防水

身体热量不被排出

衣服保暖原理图

人体热量的散失

人体热量散失的方式主要有三种，分别为辐射散热、传导散热和对流散热。辐射散热是指体热以电磁波的形式传递到周围的低温环境；传导散热是指人体通过直接接触将热量传

对流传热示意图

递给低温物体；对流散热是指人体由于周围空气流动被带走热量，而棉、毛纤维间的空气不易流动，因此穿衣可以保温御寒。

拓展阅读

会发热的衣服

现有的保暖服可分为两类：一类是通过阻止人体散热抵御严寒；另一类是使用电加热供暖，把电能转化成热能进行保暖。相较于前者，后者更适用于极寒冷的环境，比如严寒地区野外执勤的士兵以及户外运动者。

以一款美国开发的可加热保暖夹克为例，它能依靠一颗锂电池供电来自行发热，在夹克的胸前口袋内，装有可以调整温度的温控器开关。与传统的电热毯式加热不同，夹克中采用了不锈钢超细纤维来导热，其材质比头发还细，而且与布料纤维一样，可水洗、可弯曲、超柔软。此外，夹克中的锂电池安装在腰间，在清洗夹克时，锂电池可以拆卸下来，充电时既可使用标准的100 ~ 240V电源，也能采用太阳能充电器。

3.2
靓丽衣服的秘密

随着历史的发展，衣服的功能已不再局限于最初的保暖和遮羞，如今人们已把衣服当作了追求美丽、彰显个性的一种载体，人们会根据心情、场合选择不同色彩的衣服。可是衣服为何会具有这般明艳靓丽、丰富多彩的颜色呢？

彩色丝巾

做一做

从古至今，想要使衣服具有丰富的色彩，都离不开染料的帮助。最初，人们用的都是从植物、矿石中提取的天然染料，现在，应用化学技术合成

的染料也得到广泛的应用。许多合成的染料不仅对人体没有伤害，还可以比天然染料呈现出更丰富的颜色，同时还可降低制作成本。

接下来，让我们一起尝试一下染色的全过程，为自己制作一条独一无二的丝巾吧！

所需材料和工具：

石榴皮、白色丝巾、一些玻璃珠（其他形状小物体均可）、橡皮筋（或细绳）、硫酸亚铁2克（花市有卖）。

步骤一：如图所示，把整叠丝巾用玻璃珠和橡皮筋扎好，被扎住的部分将在染色后颜色较浅或保持原色，数量和位置可根据喜好自行选择。

步骤二：用水打湿后团成一团，再用橡皮筋固定，准备染色。

步骤三：将石榴皮用水煮沸20分钟，然后捞出石榴皮，将团好的丝巾放入锅中煮染；15分钟后，将硫酸亚铁用少量水溶解后倒入锅中，再煮15分钟，最后将丝巾取出并漂洗干净，一条棕色的扎染丝巾就完成了！

温馨提示：你还可以尝试用不同的染料染出不同颜色的丝巾，也可以采用不同的捆扎方式染出不同花纹的丝巾！

科学揭秘

美丽色彩里的秘密

衣服的美丽颜色离不开染色加工处理，而染料之所以能够给衣服上色并具有一定色牢度，是因为染料分子与纤维分子之间存在一定的引力。就染色过程来说，染料与衣服纤维的相互作用大致可分为三个阶段，分别为吸附、扩散和固着。

吸附阶段：染料分子会渐渐由溶液转移到纤维表面。扩散阶段：吸附在纤维表面的染料会渐渐进入纤维内部，直到纤维内部各处的染料浓度趋向一致。固着阶段：染料会与纤维发生结合，但因染料和纤维的不同，其结合方式也各不相同。

染料

染料是一种能使一定颜色附着在纤维上且不易脱落、变色的物质，根据其性质和使用方法的不同，可分为直接染料、酸性染料、活性染料等。

其中活性染料又称反应性染料，是19世纪50年代出现的新型染料，它能够在适当条件下，与衣服纤维发生化学反应，达到染色的目的。活性染料的应用十分广泛，可以用于棉、麻、丝、毛、黏纤、锦纶、维纶等多种纺织品的染色。

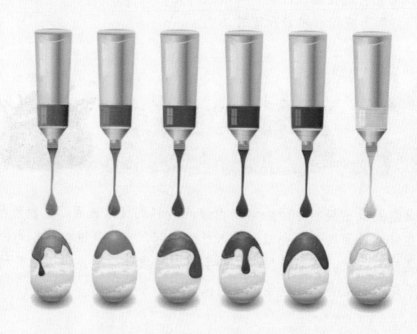

思考一下 ?

生活中有很多人爱穿牛仔裤，但它的颜色可不是永久不变的哟！仔细观察你便会发现，牛仔裤的颜色越洗越漂亮，尤其是那些靛蓝色的牛仔裤，这是为什么呢？

牛仔裤

扩展阅读

为什么要在染色过程加入食盐？

在一些染色工艺中，人们会向染液中加入一定量的食盐，这是因为在染料染色的过程中，食盐能够降低纤维和染料之间的排斥力，对染料具有促染作用。加入食盐后，会发生一系列复杂的作用，最终消除了上染过程中的障碍，使染料分子与纤维表面紧密接触，减少染液和纤维界面附近的浓度差，从而提高染料染色的效果。

食盐

我们已知，染色过程可分为吸附、扩散、固着三个阶段。在染料的吸附阶段中染料不宜过快上色，如果在初期的吸附阶段就加入食盐，可能使染料聚集而造成染色不匀，因此食盐应在中期加入，这样既可避免上色过快，又可提高上染率，得到良好的染色效果。

3.3 变色鞋：变脸我也会

在动物王国中，有一种以变色闻名的动物——变色龙，它能够随周围环境的变化随时改变身体的颜色，这神奇的本领令人们惊讶不已。而在科学飞速发展的今天，我们也掌握了一些炫酷的变色本领，让我们一起去认识洞洞鞋家族中的一员——变色洞洞鞋吧！

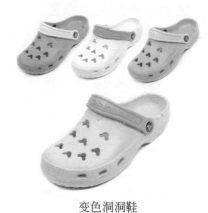

变色洞洞鞋

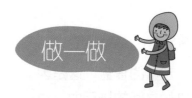

做一做

影响洞洞鞋变色的因素有哪些：阳光？温度？湿度？

编号　　实验	步骤	现象	结论
实验一：阳光对洞洞鞋变色的影响	① 准备一双变色洞洞鞋，其中一只放置在阳光下，另一只避光处理，且要保证两只鞋所处环境的温度、湿度均相同 ② 一段时间后，对比两只鞋的颜色	阳光下的洞洞鞋和避光处理的洞洞鞋颜色不同	洞洞鞋的变色与光照＿＿（填"有关"或"无关"）
实验二：温度对洞洞鞋变色的影响	① 准备一双变色洞洞鞋，其中一只用吹风机加热，另一只不加热，同时保证光照、温度相同 ② 加热30秒后，对比两只鞋子的颜色	加热后的洞洞鞋和没有加热的洞洞鞋颜色相同	洞洞鞋的变色与温度＿＿（填"有关"或"无关"）
实验三：湿度对洞洞鞋变色的影响	① 准备一双变色洞洞鞋，其中一只放置于温度接近室温的水中，另一只不接触水，同时保持光照、温度均相同 ② 一段时间后，对比两只鞋子的颜色	水中的洞洞鞋和不接触水的洞洞鞋颜色相同	洞洞鞋的变色与湿度＿＿（填"有关"或"无关"）

洞洞鞋变色的秘密

　　洞洞鞋具有变色的本领是因为在其制造的过程中添加了光致变色材料——光变粉。而光变粉在阳光照射下，会吸收阳光中紫外线的能量，发生分子结构的改变，进而发生颜色变化；当光变粉处于避光或无紫外线照射的情况下，又会回到原来的状态，是一个反复可逆的变化。通常情况下，一双洞洞鞋的颜色只能在两到三种颜色间相互转换。

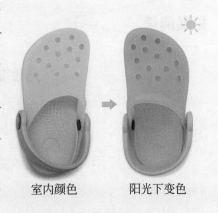

室内颜色　　　　阳光下变色

知识窗

光变粉的应用

　　光变粉可以通过基础三原色调制出任何颜色，并能在无色与有色之间进行转换，还可以通过色粉的调制发生两种以上的颜色变化。

阳光下变色的洞洞鞋

　　光变粉中不含危害人体的物质，符合安全玩具和食品包装的规格，因此被广泛地应用于我们的日常生活当中，如五颜六色的变色帽、光变T恤衫、刮刮乐的涂层、变色啤酒杯等。

光致变色材料的应用

近年来，光致变色材料的应用非常广泛，主要包括以下5大方向。

① 民生应用领域：光致变色服装、光致变色油漆、光致变色塑料玩具等。

② 光信息存储材料：如光致变色计算机，它比电子计算机的存储信息量更大，集成度更高，计算速度更快，结构更简单，并且不会发热，是非常热门的高新技术项目。

③ 自显影感光胶片和全息摄影材料：如利用光致变色材料制备全息胶片，可以省去处理胶片的繁杂过程，而且还具有解像力高、信噪比高等优点。

④ 防伪识别技术：可将光致变色材料应用于贵重商品防伪识别技术，在光照下防伪标记变色，既可用于大众防伪识别，也可用于仪器测试识别。

⑤ 军事隐蔽伪装材料：光致变色材料可用于士兵、武器装备、运输工具、国防建筑物等方面，使它们与周围环境融为一体，达到隐蔽伪装的目的。

3.4

雨中我有防水罩

你想在雨中漫步，去感受春雨的温柔、夏雨的急促、秋雨的丝丝忧伤吗？可是被雨水淋湿了衣服和头发怎么办？别担心，雨天里我们有美丽时尚的雨衣，再小的水珠都会被挡在雨衣的外面。那么雨衣为什么能防水呢？它与普通的衣服有什么区别呢？

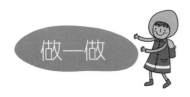

做一做

雨衣为何能防水呢？我们不妨亲自动手制作一块"防水布"吧！

材料准备：

一杯水、两块布以及蜡烛、打火机、吸管。

体验普通布料防水效果：

① 用吸管蘸取少量水，滴在干布上，观察干布上水滴变化；

② 观察到水滴在干布上铺展开，将干布润湿；

①

②

制作防水布：① 在爸爸妈妈的陪同下，用打火机点燃蜡烛，将蜡烛熔化产生的液体石蜡滴在干布上；② 待液体石蜡变为固体石蜡后，用吸管蘸取少量的水滴在石蜡表层上，可观察到水呈颗粒状水珠，不能将布打湿。

①

②

想一想

通过实验我们发现，当普通的棉布表面被涂抹蜡油后就具有了防水的功能，这与我们雨衣防水有关系吗？

科学揭秘

雨衣为何能防水？

雨衣防水的秘密就在雨衣的制作材料上。以布制雨衣为例，它使用的布料是经过防水剂处理的普通棉布。

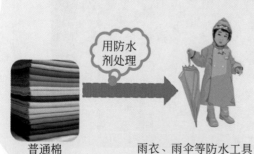
普通棉　　用防水剂处理　　雨衣、雨伞等防水工具

那么什么是防水剂呢？防水剂是一种含有铝盐的石蜡乳化浆，石蜡乳化以后会变成细小的粒子，能均匀地分布在棉布的纤维上。而水对石蜡是不润湿的，水在石蜡表面会呈水珠状，最终沿着雨衣表面滚落下去。

润湿过程

通常，当一种液体与一种固体接触时会有两种情况。

荷叶上的水珠

① 不润湿过程：当液体和固体之间分子的吸引力小于液体内部分子的吸引力时，液滴会倾向于在固体表面缩成一个小液滴状，如水对荷叶是不润湿的，所以水滴能在荷叶上来回滚动。

② 润湿过程：当液体和固体之间分子的吸引力大于液体内部分子的吸引力时，液滴会倾向于平摊在固体表面，如水滴对玻璃是润湿的，所以水会平铺在玻璃表面形成水膜。

拓展阅读

千变万化的雨衣

① 净水斗篷式雨衣：右图这件雨衣的构造比常见的雨衣要复杂，宽大的衣领用来收集雨水，雨水经过内置的木炭和化学过滤器的净化之后，被储存在雨衣的肩膀周围和雨衣内部的大口袋中。整件衣服上安装了很多细管子，人们可以通过这些细管子随时饮用到新鲜的纯净水。如果在海上航行没有淡水时，这件雨衣可以发挥很大的作用。

② 便携折叠雨衣：左图这款塑料雨衣内部的抽绳经过特别设计，脱下雨衣之后，只需简单地抽拉和翻转，雨衣就会变成一个手提袋。这一巧妙的变换过程让雨衣淋湿的一面全部裹在手提袋内部，在室内携带时尤为方便哟！

3.5
炫酷的 "发光" 衣

活力四射的舞蹈会让人热血沸腾，而黑夜里灵动的光线也总能抓住人们的眼球，如果将这两者结合在一起会产生怎样的效果呢？右图是一张荧光舞照片，劲爆的舞蹈加上炫酷的荧光衣带给人们一种崭新的视觉享受，那么你在欣赏荧光舞的同时，是否想过这美丽光线的背后有着怎样的科学秘密呢？

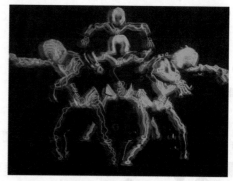

荧光舞

观察一下

有着美丽亮光的衣服可不单单局限于表演哟！城市中的交警和环卫工

人，在漆黑的夜晚也依然坚守在马路上，可是夜晚光线昏暗，如何能让过往的车辆及时发现并避让开他们呢？荧光服可起了很大的作用！

舞台上的荧光衣和生活中的交警服、环卫服看起来都有亮光，那么是它们自己在发光吗？这个问题很好解答，我们只需在夜晚观察，当没有灯光照射时，这些衣服是否还有亮光。为了探明真相，让我们快快行动吧！

通过观察我们会发现，这些衣服只有被其他光源照射时才能展现出明亮的光线。那么这是为什么呢？这些衣服的亮光又是如何产生的呢？

交警服和环卫服

反光带

科学揭秘

衣服"发光"的秘密

无论是荧光衣、交警服，或者是我们看到的荧光鞋，它们炫酷光亮的秘密全在于衣服上的荧光材料和反光材料。

荧光衣中含有荧光材料，当有外界光线照射时，荧光材料会吸收这些光线中的能量，并将其以荧光的形式释放出来，因而我们会觉得特别亮。但当外界光线消失时，这美丽的荧光也会消失。

对于交警服来说，既有荧光材料也有反光材料。反光材料运用了一种特殊的玻璃微珠，通过调焦处理后制成，它能将远方直射光线反射回发光处，不论在白天或黑夜均有良好的逆反射光学性能。这不但具有安全作用，还有良好的装饰效果，因而被广泛应用在灯饰、反光电子等闪光产品上。

荧光鞋

荧光

荧光，又作"萤光"，是指一种光致发光的冷发光现象。

当某种波长的光线照射到荧光材料上时，荧光分子中的电子会吸收光所带来的能量，跃迁到离原子核更远的轨道上，但是这种状态并不稳定，跃迁的电子又会释放能量，从能量高的轨道回到能量低的轨道，而释放的这种能量便是我们看到的荧光。

荧光瓶

思考一下 ?

萤火虫

在日常生活中，人们通常广义地把各种微弱的光亮都称为荧光，而不去仔细追究和区分它们的发光原理，这是不妥的。那么萤火虫、荧光棒、发光水母、荧光饮料中，哪些发出的是荧光？哪些又不是呢？

夜光T恤

夜光T恤是采用夜光材料对产品进行后期加工制成，在对夜光图案处理上，以水性夜光颜料为染料，采用丝网印刷技术对图案进行印刷，达到颜料不脱落、不变色、着色均匀、附着力强等特点。

那么什么是水性夜光颜料呢？

水性夜光颜料的成分是光致储能夜光粉，光致储能夜光粉在受到自然光、日光灯光、紫外光等照射后，会把光能储存起来，在停止光照射后，再缓慢地将能量以荧光的方式释放出来。因此，夜光T恤在夜间或者黑暗处仍能发光，并能持续几小时至十几小时。

夜光T恤

第四章
那些美丽的秘密

自古，人们便有对美好事物的向往。
如今，更是不忘利用科学来塑造美丽！
微笑时闪亮的洁白牙齿，
举手投足间变幻的芬芳，
白雪公主一样的洁白皮肤，
屏蔽了时间的乌黑秀发……
这些美丽无一不让人心动！
而在科学飞速发展的今天，
这一切都不再遥不可及。
让我们怀着"用科学解读美丽，
用美丽添彩世界"的理念，
一起去探索时尚生活的科学秘密吧！

4.1 美丽从牙齿开始

测一测：你的牙齿健康吗?

牙齿，只有拥有健康的内在，才能由内而外散发光彩！利用下表测一测，你的牙齿健康吗?

检测项目	达标	不达标
轻叩牙齿，个个稳固不松动	是☐	否☐
感受一下，口腔无溃疡、无异味	是☐	否☐
用舌尖感觉每颗牙齿，个个完整无缺	是☐	否☐
对着镜子看看牙齿，无黑点、牙结石等	是☐	否☐
观察牙龈颜色，为正常的粉红色且无红肿迹象	是☐	否☐
感受日常口腔内唾液分泌情况，充足，无干燥感	是☐	否☐
吃冷热酸甜等食物时，牙齿无酸、痛、软的感觉	是☐	否☐

以上7项中：如果有2项不达标，则需要注意口腔清洁！如果有3项不达标，则需要寻求医生帮助！

健康导读

洁白的牙齿是所有人的追求，因为它不仅是健康的象征，更是美丽的表现，而我们却常常被虫牙（又称蛀牙）问题所深深困扰！调查显示：我国儿童虫牙发病率高达80%。虫牙里真的有虫吗？我们该怎样捍卫牙齿健康，抵御虫牙呢？

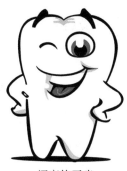

闪亮的牙齿

科学揭秘

虫牙里真的有虫吗？

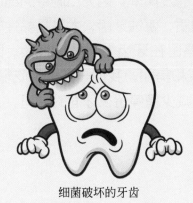

细菌破坏的牙齿

虫牙又称蛀牙，医学上称为龋（qǔ）齿。形成虫牙并不是因为牙齿里有蛀虫或其他的什么虫子，其主要元凶是牙齿上的牙菌斑。

因此，牙洞并不是被蛀虫啃咬形成的，它是由于口腔不清洁，黏附在牙齿上的食物残渣被牙菌斑中的细菌分解，产生了腐蚀牙齿的酸性物质。如此久而久之，就形成了牙洞，也就是人们常说的"虫牙"。

知识窗

牙菌斑

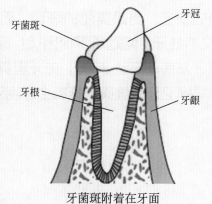

牙菌斑　牙冠

牙根　牙龈

牙菌斑附着在牙面

　　我们的口腔中充满各种微生物，其中就包括许多细菌。牙菌斑便是由多种细菌组成的"细菌群落"，它们定居于牙面、牙与牙之间，不能被水冲去或漱掉，而刷牙是清除牙菌斑最主要的方法。如果对牙菌斑不加以控制，其最终会钙化形成牙石。

温馨提示

　　经常吃糖会增加虫牙的发病率！因为口腔中的细菌会分解糖类，产生酸性物质，腐蚀牙齿，尤其是黏性较大的含糖食物会长时间停留在牙齿上，危害很大。因此，为了保护牙齿的健康和美丽，我们一定要少吃糖，吃完甜食要立刻刷牙，以减少糖停留在牙面的时间。

思考一下 ❓

　　相信你已经了解虫牙的形成过程，只要阻碍这些过程的发展，就可以保护我们的牙齿了。为了拥有更加健康且洁白的牙齿，你在生活中将会采取哪些措施呢？

措施1：_____

措施2：_____

措施3：_____

更多的措施：_____

爱牙小贴士

刷牙篇

1.坚持每天早晚刷牙！每次刷牙的时间不低于3分钟，以及时清理掉牙齿上的污渍。

2.刷牙的姿势要正确。刷毛与牙面呈45度，向牙刷施加合适的压力，使刷毛略呈圆弧，这样可以让牙刷与牙齿的接触面积达到最大。切忌来回横刷，横刷不但不易清理牙齿，而且对于牙齿损伤较大。

勤刷牙

3.牙刷应每三个月更换一次，因为牙刷容易滋生细菌，引发上呼吸道感染，如果牙刷过早变形，不到三个月就应更换。

护理篇

1.使用漱口水对于保持口腔健康也非常重要。牙刷只能清除牙齿表面的牙菌斑，而口腔黏膜和舌背表面的细菌则需要漱口水的帮助。

多护理

2.牙线配合牙刷效果更佳。建议牙线在刷牙前使用，可以清洁牙刷不能到达的位置（如牙齿邻面）。建议不使用牙签，牙签容易造成牙龈退缩。

3.若有磨牙的症状要及时就医查明原因。因为长期磨牙会引起牙齿磨损、畸形、断裂，甚至还会引发关节周围疼痛、头颈痛等症状。

4.2 变幻的香水味

香水，已成为当今世界"时尚""高雅"的代名词。人们只需要每天喷洒一点点，便可以在举手投足间散发出独特的香味，征服人类的嗅觉。你了解这些香味随时间而发生的奇妙变幻吗？人们常说的香水"前味""中味"和"后味"又是什么意思呢？

不妨问一问爸爸妈妈，看他们知不知道呢？

做一做

体验变幻的香水气味

请认真阅读体验步骤，在体验时仔细感受香水气味，并记录下来。

步骤一：在爸爸妈妈的帮助下，将香水喷在自己的手腕上。

步骤二：感受香水最初2分钟内的气味。

气味记录：＿＿＿＿＿＿＿＿＿＿＿＿＿＿＿＿＿

步骤三：感受10～15分钟时香水的气味。

气味记录：＿＿＿＿＿＿＿＿＿＿＿＿＿＿＿＿＿

步骤四：感受大约1小时后香水的气味。

气味记录：＿＿＿＿＿＿＿＿＿＿＿＿＿＿＿＿＿

相信你已经体验到香水气味随时间变化的魅力了！这与香水的"前味""中味"和"后味"有什么联系呢？

香水的前味、中味和后味

一种香水往往是由酒精和多种香料混合组成的。不同类别香料的挥发性是不同的，也就是说，不同的香料散发出香气的时间是不同的。正是这些挥发性不同的香料的精心组合，才使得香水气味随时间有了丰富的变化！

各种各样的香水

简单来说，挥发性越强的物质，人们越能先感受到它的气味，"前味"是在最初10分钟散发出的香味；"中味"是在前味消失之后散发出的香味，一般可持续数小时；"后味"是我们通常所说的余香，可持续整日或者数日。

挥发性

挥发性是指一种物质从液体或固体变成气体的倾向。一种物质挥发性越强，越容易变成气体飘散在空气中。比如食醋中的醋酸挥发性较强，很容易变成气体混入空气，当我们打开醋的瓶盖后，不久空气中就有一股酸酸的气味。我们常说的"酒香不怕巷子深"也是这个原因。

液体挥发示意图

正常浓度的香水中，酒精浓度约为80%。酒精的挥发性比香料的挥发性强很多，所以当我们把香水喷洒在皮肤上后，酒精会快速地离开皮肤，因此前味总是带有酒精的气味。酒精会在十几分钟后全部挥发，那时留下的香料的气味，便是我们闻到的香水的中味和后味。

思考一下 ❓

香料是香水散发香味的关键，香水中必然含有香料，可为什么还有大量的酒精呢？可以用水来代替酒精吗？

你的答案是：_____

_____

拓展阅读

香水中的动物性成分

提起香水中的香料，你可能马上会想到各种植物精油，其实高级的香水中除了含有植物性的香料外，往往还含有动物性的香料。但世界上可供使用的动物性香料只有几种，如麝香、灵猫香、海狸香和龙涎香等。

麝香、灵猫香和海狸香分别是麝鹿、灵猫和海狸的香腺囊中的分泌物。龙涎香则产自抹香鲸的肠内。关于其成因的说法有几种，但一般认为是抹香鲸吞噬海洋动物后因难以消化而形成的结石状病态产物，从体内排除后经长期风吹日晒发酵而成，成为漂浮在海面上的白灰色或褐色蜡状固体。

麝鹿

灵猫

海狸

抹香鲸

4.3
黄瓜面膜

电视剧中经常会出现女主角敷面膜或在脸上贴几片黄瓜片的场景。如今，面膜已经走进千家万户，成为众多爱美人士保养皮肤的必备品，敷面膜也已不是什么稀奇的事情。今天我们继续时尚路线，体验一下纯天然的黄瓜面膜，并了解其美肤背后的小秘密。在了解黄瓜面膜美肤秘密之前，让我们先来做一个科学小实验。

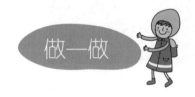

做一做

给土豆敷黄瓜面膜

我们在生活中都有这样的经验，土豆刚切开之后，不久就会变色。那么如果我们给切开的土豆敷上黄瓜面膜，会是怎样呢？让我们做实验来看一看吧！

1.准备一根新鲜的黄瓜、一个新鲜的土豆以及一把水果刀。

2.如下页图所示，将土豆一切为二，分别标记为土豆A和土豆B。将黄瓜切成薄片，然后把它们贴在A的切面上，B的切面不贴黄瓜片，可以和A形成对比，作为空白对照。

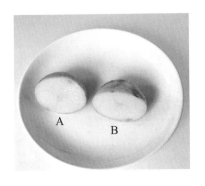

3.如下图所示，一小时后取下A切面上的黄瓜片，与B切面的颜色进行比较。

4.有没有可能是黄瓜片阻挡了氧气，才让土豆不变色的呢？为了排出这一因素，再次用一个新土豆进行探究。此次将第二步中贴黄瓜片改为涂抹黄瓜汁，其他操作不变，其结果如下图所示。由此可知，不是黄瓜阻挡了氧气。

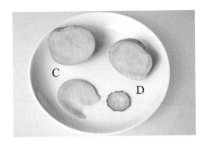

科学揭秘

　　土豆变黑的原因是它和空气中的氧气发生了化学反应，也就是我们常说的，土豆被氧化了。在实验中，黄瓜成功地抑制了土豆的氧化过程，因此土豆没有变黑，这说明黄瓜具有一定的抗氧化能力，"黄瓜美容"就利用了这一原理。具体的美肤原理请往下看吧！

黄瓜美肤大揭秘

　　黄瓜是一款清爽可口、人人喜爱的蔬菜，更是人们常说的"厨房里的美容剂"，原因如下。

一、黄瓜中含有丰富的维生素C和维生素E。维生素C具有抗氧化性，并能促进胶原蛋白的合成，具有美白、淡斑的功效。而维生素E也具有抗氧化性，能够逆转皮肤衰老，使肌肤变得光滑、白皙。

二、黄瓜中含有黄瓜酶。黄瓜酶有很强的生物活性，能有效促进血液循环，加速皮肤细胞的新陈代谢，从而达到润肤美容的效果。

知识窗

酶

酶是一类生命物质的总称。生物体内一般含有数千种酶，它们与生命过程密切相关，影响着生物的新陈代谢、营养和能量的转换等许多生命活动。酶不一定只在生物体内起作用，离开生物体后，有时也可以发挥作用。

香蕉　　　　　　　　鸡蛋　　　　　　　　牛奶

在日常生活中，除了黄瓜外还有别的许多食物可以用来自制面膜。比如香蕉中含有丰富的维生素，以及人体需要的钙、钾等，适用于干性皮肤和敏感性皮肤的面部美容。牛奶和蛋清则具有美白及收紧皮肤的功效，适合肤色暗黄或毛孔较粗大的人士使用。

给妈妈准备一份礼物

自制黄瓜面膜

妈妈平时那么辛苦，让我们为她做一份黄瓜面膜美美容吧！

（用刀危险，请和大人一起完成哟！）

方法一

1.准备材料：半根新鲜黄瓜。

2.步骤：

① 将半根新鲜黄瓜去皮、洗净后切成薄片；

② 将黄瓜片均匀贴于面部，约10分钟后洗净即可。

方法二

1.准备材料：半根新鲜黄瓜、一个鸡蛋清。

2.步骤：

① 将半根新鲜黄瓜去皮、洗净后榨成汁；

② 加入鸡蛋的蛋清，搅拌均匀；

③ 将面膜均匀涂于面部，注意避开眼周，约10分钟后洗净即可。

在妈妈体验之后，记得让妈妈分享一下敷黄瓜面膜的感受哟！记录在下面的横线上。

感受分享：_____

_____

_____

_____

_____

_____

_____

4.4 染发剂

乌黑的秀发不仅是美丽的表现，更是年轻和健康的象征！

然而随着时间的流逝，长辈们的头发总逃不脱变白的命运，于是，染发剂便成了"屏蔽"时间、重现乌黑的时尚潮品。那么这引领时尚的染发剂效果好不好呢？容易掉色吗？染发的原理又是什么呢？……

让我们带着这些疑问，一起开启科学之旅，深入了解一下染发剂吧！

染发

知识准备

染发的狗狗

染发剂分为暂时性染发剂、半永久性染发剂和永久性染发剂3种类型。暂时性染发剂是一次性的，一洗就恢复原色；半永久性染发剂可耐6~12次的洗发水洗涤；永久性染发剂则持续更久，也是人们使用得最多的一种。接下来，我们就一起探索一下永久性染发剂里的秘密吧！

科学调查

永久性染发剂真的可以永久着色吗？不如向身边经常染发或染过发的人做一个小调查吧！

1.完成染发的全部过程后，洗发的时候是否会掉色。（　　）

  A.始终都不掉色

  B.最初会掉一些颜色，之后就不再掉色

  C.始终都会掉色

  D.最初不会掉色，之后会掉一些颜色

2.染发后，头发最终会变成原来的颜色吗？（　　）

  A.最终会变成原来的颜色

  B.最终不会变成原来的颜色

3.你觉得头发变色的原因是什么？（　　）

  A.染发剂的色素附着在头发表层上

  B.染发剂进入头发内部，发生了一些反应

科学小侦探

相信你已经发现永久性染发剂染色不易洗去，这又是为什么呢？解开秘密的线索就在气味里，不妨做个小侦探，和妈妈一起去理发店里闻一闻染发剂的气味。

闻一闻：染发剂的气味是_____

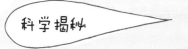

为何染发剂染发不褪色？

实际上大多数染发剂都会散发出刺激性的气味，这些气味来自染发剂中的一些碱性物质。既然这些物质会带来难闻的气味，为何还要向染发剂中添加呢？

这是因为头发表层呈鳞片状，能够阻挡色素。但碱性物质可以使鳞片结构张开，让染发剂中的人工色素顺利进入头发内部，并与头发内部的一部分天然色素相结合，这样就可以从根本上改变头发的颜色而不会褪色。

头发结构

头发分三层，由外到内为毛鳞片、皮质层和髓质层。

1.毛鳞片呈鳞片状，保护头发，但遇碱性物质会张开。

2.皮质层含有大量的色素粒子，决定了头发的颜色。

3.髓质层负责吸收营养，对染发不起任何作用。

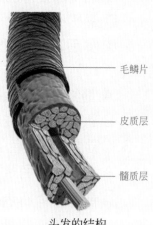

毛鳞片

皮质层

髓质层

头发的结构

乌黑秀发与微量元素铜

头发变白不仅与衰老有关，如果缺乏微量元素铜，年轻人也会早生白发。

有科学家在实验中发现，如果长期给黑老鼠喂食缺铜的饲料，其毛发就会失去乌黑色泽而变得灰白。在家兔中，黑兔毛发中的铜含量也要高于白兔。

此外，当人精神高度紧张时，会伴随心跳加快，血压随之升高，激素分泌增加的症状，这些都会使铜的消耗量增多。因此，精神压力过大会间接地催生白发。

所以，全面膳食、不挑食并保持阳光乐观的心情是从内在养护秀发的关键，也是健康生活的一部分。

4.5 与紫外线的对抗——防晒霜

春夏秋冬的交替推动着生命的进程，也装点着我们的生活，其中热情似火的夏天更是为我们带来无尽的活力与快乐。可是夏日里的阳光却常常把我们的皮肤晒黑，甚至晒伤，这不仅影响了我们的美丽，更威胁着我们的健康。

因此，我们要拿起科学的盾牌与紫外线对抗到底。今天我们就一起认识一位紫外线的抵抗卫士——防晒霜。

知识准备

防晒是夏季捍卫美丽与健康的重要措施。而在这场对抗战中，你是否真正了解你的对手——紫外线？俗话说："知己知彼，百战不殆。"为了打好这场对抗战，让我们一起通过阅读了解我们的对手吧！

无影杀手紫外线

盛夏阳光

地球表面的大部分紫外线来自于太阳，它是一种伤害性光线，肉眼不可见。

紫外线可以分为三种，近紫外线、远紫外线和超短紫外线。地球表面的紫外线主要是近紫外线和远紫外线。

近紫外线可以穿透皮肤至真皮层，破坏胶原蛋白及弹性蛋白，导致皮肤松弛，产生皱纹。且人体的黑色素细胞经阳光中的紫外线照射后会加快合成黑色素，这就是为什么会被太阳晒黑的原因了。

想一想

了解了紫外线对皮肤的伤害之后，你一定会感叹：还好人们发明了防晒霜，这样就可以对抗紫外线了。那么防晒霜到底是如何防晒的呢？是不是所有的防晒霜都是一样的呢？

防晒霜的大家族

也许你经常使用防晒霜，但或许你并不了解防晒霜是如何防晒的。按照防晒机理，防晒霜可分为物理防晒霜和化学防晒霜两种。

物理防晒霜：利用防晒粒子，在皮肤表面形成均匀的保护层，就像一面镜子，将照在皮肤上的紫外线反射和散射出去，形成长时间保护。

化学防晒霜：通过某些化学物质和细胞相结合，将可能对肌肤产生伤害的紫外线吸收掉，再以能量较低的形式释放出去，以达到防晒的目的。因此对于化学防晒霜，紫外线越弱，防晒的时间就越长。

生活小贴士

1.每支防晒霜上标有SPF值，SPF值不是越高越好，SPF值太高会让皮肤"呼吸"困难，导致一些人的皮肤出现过敏。

2.防晒霜在擦上皮肤15分钟后才起作用，所以我们应该在出门前15分钟涂好。

3.防晒霜涂在手背上，滴上几滴水，能形成水珠的较好。

4.并不是夏天才需要防晒，想要嫩白的肌肤不被紫外线侵蚀，一年四季都要做好防晒护理哦。

学以致用

去商场看一看都有哪些防晒霜，对比它们的防晒标识有何不同，问问导购阿姨它们分别代表着什么。并结合自己学到的知识，试着帮妈妈挑选合适的防晒霜。

水果也能防晒

防晒是护肤的持久战。随着生活水平的提高，各种各样的防晒方法也应运而生。最近，一种新的防晒方法——蔬菜水果防晒法受到越来越多的人的喜爱。让我们一起来了解一下哪些蔬菜、水果既美味又可以防晒吧！

1.番茄称得上是最好的防晒食物。番茄中富含的番茄红素是一种抗氧化剂，每天摄入一定量的番茄红素可以降低被晒伤的危险系数。同时吃一些胡萝卜会更有效，其中的 β 胡萝卜素能有效阻挡紫外线。

2.因为西瓜汁含有大量的水分，还含有多种具有皮肤生理活性的氨基酸，这些成分易被皮肤吸收，所以对面部皮肤有很好的防晒、增白效果！

西瓜

3.柠檬中含有丰富的维生素C，能够促进新陈代谢、延缓衰老，从而达到防晒的效果，多喝柠檬水也能起到美白、淡斑的作用，令肌肤有光泽。

柠檬

第五章
那些家居生活的秘密

生活是一本无字的书,
其中的智慧需要用心去阅读,
能制造梦幻泡泡的洗涤用品,
有强大清洁功能的小小牙膏,
夏日里肩负防晒重任的太阳伞,
搭乘科技快车不断蜕变的蚊香,
节省睡懒觉时间的保温杯,
……
这些家居生活中常见的物品,
无一不展现着科技的巨大魅力,
让我们拿起科学这把放大镜,
一起去探寻家居生活中的奇妙智慧吧!

5.1 梦幻泡泡

近年，泡泡表演以其新颖多变的形式和梦幻美丽的舞台效果吸引了人们的眼球，掀起了泡泡秀的时尚热潮。右图中的这个泡泡是不是很炫酷呢？那么你想了解泡泡水的原理吗？你想自己动手创造出梦幻的泡泡吗？家居生活中常用的洗涤用品就可以帮助我们实现愿望，让我们一起行动起来吧！

泡泡秀表演

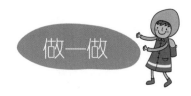
做一做

让我们一起动手，使用家庭常备的洗涤物品来配制泡泡水，并吹出美丽的泡泡吧！

1.材料准备

甘油、水、洗洁精、洗手液。

2.配制泡泡水

将原料按照甘油：水：洗洁精：洗手液=1：4：2：2的比例搅拌混合均匀（注：因为使用的洗手液为绿色，所以配制的泡泡水也为绿色）。

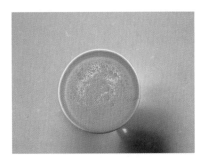

3.效果体验

我们用一根较粗的塑料管吹出了与小柚子一样大的泡泡，你也快试试吧！

科学揭秘

洗涤用品起泡大揭秘

泡沫

纯水不能产生泡泡是因为纯水的表面张力较大，只有当水的表面张力降低到一定的程度时，才能够产生泡泡。

而生活中的洗涤用品（如洗洁精等），都含有能够去污的表面活性剂，恰巧表面活性剂与水混合后能降低水的表面张力。因此，当我们把这些洗涤用品与水以适当的比例混合后就可以制造出美丽的泡泡了。

表面张力

实际上，液体的表面都会受到一种力，这种力会促使其表面尽可能地收缩，这便是液体的表面张力。

而泡泡的本质是水溶液，因此泡泡的表面就相当于液面，也会受到表面张力。如果泡泡水的表面张力很大，泡泡表面很容易被拉扯破裂，只有当表面张力很小，小到不能使形成的泡泡破裂时，泡泡才能形成。

增大表面张力，泡泡破裂

拓展阅读

水的表面张力

以水为例，表面张力的存在使水面如同一张橡皮膜。虽然这层"橡皮膜"不是非常结实，但依旧可以承受一些体积较轻的物体。如下图所示，水黾等小昆虫、曲别针、硬币等较轻的物体都可漂浮在水面上。

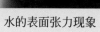

水的表面张力现象

5.2

洁牙小能手——牙膏

"小牙刷，手里拿，早晚都要刷刷牙，脏东西，都刷掉，满嘴小牙白花花。"

能让"满嘴小牙白花花"的物品就是我们的洁牙小能手——牙膏。这小小的牙膏，我们每天都会用到，但它的清洁能力有多强呢？你了解它的成分吗？它又是怎样帮助我们清洁牙齿的呢？

牙膏

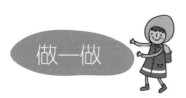

做一做

用来沏茶的杯子的杯壁上都会留下茶渍，这些茶渍不但影响美观，而且也不利于健康，可是清洁起来却十分费力。接下来让我们一起动手试试牙膏的清洁效果吧！

步骤：

① 找一个带有茶渍的白色陶瓷杯；

② 用清水和牙刷进行清洗，观察效果；

③ 经步骤②处理后的杯子一定还残留茶渍，将此杯再次用牙膏进行清洗，观察效果。

附着茶渍的瓷杯

牙膏洁牙的秘密

虽然牙膏的品牌有很多种，但它们洁牙的主体成分都是摩擦剂。通常摩擦剂占牙膏组分的45% ～ 55%。这些摩擦剂具有合适的硬度，其硬度大于牙面污渍和牙菌斑的硬度，小于牙齿本身的硬度。在刷牙时，我们通过牙刷给摩擦剂施加压力，一方面可以将污渍、牙菌斑破碎，达到洁牙的目的；另一方面又不会损伤牙面。

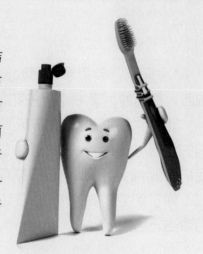

牙膏摩擦剂

目前国际上常用的牙膏摩擦剂有4种，分别是磷酸氢钙、二氧化硅、碳酸钙、氢氧化铝，赶快看看你家牙膏用的是哪一种？我国的牙膏多数添加的是碳酸钙。

趣味揭秘

如果牙膏中仅含摩擦剂，则我们的牙膏在外观上更像是牙粉。我们的牙膏中还有哪些成分呢？

① 湿润剂：可防止牙膏失去水分而固化变硬。

② 表面活性剂：一方面可以清除污垢；另一方面可以产生丰富的泡沫。

③ 黏合剂：将牙膏中多种成分均匀地混合成膏状。

④ 香料：一般为薄荷，在刷牙时带给口腔清凉冰爽的感觉。

拓展阅读

含氟牙膏的两面性

目前一些品牌的牙膏宣传含有氟，而另一些品牌的牙膏则强调不含氟。那么氟与牙齿有怎样的关系呢？我们又该如何选择呢？

一些研究指出，适量的氟化物可以预防蛀牙。氟化物对于牙齿有两个效应，一方面，氟离子可以与牙齿表面的物质结合，生成更耐酸的物质，相当于在牙齿表面形成了一层坚固的保护层；另一方面，氟离子可以促进钙沉积在牙齿表面，从而修护牙釉质。

但氟含量过高则会发生氟中毒。氟中毒者会患上氟斑牙或氟骨症，牙齿和骨骼的健康受到严重侵害。

因此，选择何种牙膏要视情况而定。建议生活在高氟饮水区的人们选择不含氟牙膏；儿童容易吞咽牙膏泡沫，也建议使用不含氟牙膏。

5.3 你的太阳伞真的防晒吗？

盛夏时节，除了气温升高，阳光中的紫外线强度也显著增强。出于防晒的目的，人们打起了太阳伞。一把把美丽的太阳伞构成了夏日街头一道独特的风景。相信你的家中也有时尚美观的太阳伞，可是你的太阳伞真的能够阻挡紫外线吗？市场上太阳伞的价格从几十元到几百元，差异很大，其品质也是良莠不齐。我们该如何科学地识别呢？

科学揭秘

太阳伞里的秘密

一、就伞面材料而言，一般有涂层（如银胶涂层）的抗紫外线效果较好，其次是涤纶材料，而天然纤维（棉麻丝）的效果则较差。

二、对于非涂层的太阳伞，一般伞面越厚、织物面料越紧密，紫外线屏蔽效果越好。

三、同一材料的伞面，颜色越深，抗紫外线效果越好。对于同种材料测定显示出的效果为：黑色＞藏蓝＞紫红＞粉红＞深绿＞绿＞浅绿＞白。当然，如果是抗紫外线面料，浅色的伞面也依旧具有较好的紫外线屏蔽效果。

七色太阳伞

紫外线

在自然界中，紫外线的来源主要是太阳。适当强度的紫外线照射可以杀菌消毒，治疗皮肤病，还可以促进维生素D的合成。然而长时间过强的紫外线照射则会造成皮肤伤害，如出现红斑、水肿、黑色素沉淀或是皮肤松弛老化，严重时可诱发皮肤癌。

阳光晒伤皮肤

目前，市场上太阳伞的质量良莠不齐，有些只是涂抹了一层劣质的反光材料，自然也不具有屏蔽紫外线的功能。

按照国家相关规定，只有当产品的紫外线防护系数UPF大于30（记为UPF30+，且UPF数值越大越好），并且长波紫外线透射率小于5%时，该产品才可以被称为"防紫外线产品"。因此在购买太阳伞时，要查看标签上有没有标注UPF30+，如果是UPF50+，则防紫外线效果更好。

UPF30+

紫外线防护系数

趣话伞史

相传，伞是在春秋时期由鲁班之妻发明的。至汉朝时，由于造纸技术的发展，人们使用的伞面多是涂抹了桐油的纸质材料。

后来中国的伞传入了西方。据记载，在英国最初使用雨伞的人被视为异类，甚至遭受辱骂。但由于伞的实用性，伞还是渐渐流传开来。挡雨之余，欧洲妇女将其视为一种装饰品；绅士们则将其作为"文明杖"，并于伞柄中暗藏短剑，供防身之用。

油纸伞

5.4 蚊香的时尚蜕变

各种样式的蚊香

随着科学技术的发展，我们的生活发生了翻天覆地的变化，电视机由黑白变为彩色，路灯由灯泡变为LED，计算机由台式变为了平板。而你在尽情享受舒适生活之余，是否注意到小小的蚊香也发生了时尚的蜕变？接下来，让我们一起回顾蚊香的蜕变过程，并感受科学在这其中的神奇魅力！

历史回顾

实际上，蚊香的历史比较悠久，比较传统的有线香和盘香两种，在20世纪60年代时又出现了固体电蚊香，近些年，人们还开发了液体电蚊香。

科学揭秘

蜕变中的变与不变

盘式蚊香：点燃时，其尖端温度达到750℃。高温使蚊香由固体变为气体，释放到空气的各个角落。

固体电蚊香：把电蚊香片于恒温电加热器上加热，使其中驱蚊药物气化。固体电蚊香以电能代替了燃烧，安全环保。

液体电蚊香：在毛细管的毛细作用下，药液到达芯棒顶端，通过恒温加热器加热芯棒，使驱蚊药液均匀飘散在空气里。

在蚊香的蜕变中，变的是药物的状态和加热的方式，不变的是驱蚊原理，即：都是通过升温，使驱蚊成分气化并飘散在空气中，从而达到驱蚊的目的。

点燃的蚊香

与毛细作用有关的现象

当我们把几根内径不同的细玻璃管插入水中，会发现管内的水面比容器里的水面高，且管子的内径越小，管内的水面越高。液体电蚊香中的微孔芯棒可以把药液吸到顶端也是一样的道理。生活中砖块吸水、毛巾吸汗、粉笔吸墨水都是通过毛细作用实现的。

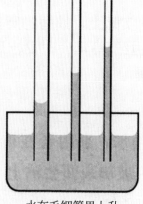

水在毛细管里上升

驱蚊小妙招

泡澡法

1.用维生素B_1泡水擦身。

2.八角和茴香各两枚放于洗澡水中。

植物法

1.于窗口放置切碎的大蒜可以驱蚊。

2.15平方米的屋中放一株30cm高的驱蚊草。

3.盛开的夜来香、米兰、茉莉也可以驱蚊。

燃香法

1.在室内点燃干橘皮可以驱蚊，除异味。

2.将泡过水的茶叶晒干，点燃后也可以驱蚊。

5.5 谁来帮我止止痒

炎炎夏日里，我们摆脱了长衣长裤的束缚，感受着短裤背心的舒适，但嗡嗡的蚊子却也随之而来，让我们防不胜防。蚊虫叮咬后的痛、痒感受以及大片红肿给我们的夏天生活带来了巨大的困扰。为了还夏日一个安宁，我们需要将止痒进行到底。可是蚊子叮咬为什么会痒呢？我们又该如何止痒呢？

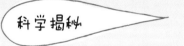

科学揭秘

蚊虫叮咬的秘密

蚊子在吸血时会将它的喙刺入我们的皮肤，为了防止我们的血液凝固，蚊子还会分泌出抑制血液凝固的蚁酸。

蚁酸会导致皮肤发炎，引发痛痒的症状。过敏体质的小朋友被蚊虫叮咬后可能出现红肿，甚至大片瘀斑，产生剧烈的瘙痒和灼痛感。

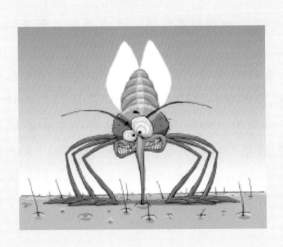

想一想

我们知道了皮肤红肿瘙痒是蚁酸在作怪，那我们该如何收拾蚁酸这个"坏家伙"呢？

止痒能手——肥皂水

一般人被蚊子叮咬后，都会因为蚁酸的刺激而出现红肿、痒、痛等症状。但如果我们将肥皂水涂抹在叮咬处，便能在数分钟内止痒。

这是因为肥皂水呈碱性，蚁酸呈酸性，酸性物质和碱性物质能发生中和反应，生产盐和水。当我们涂抹肥皂水后，肥皂水就会与蚁酸反应变成了无毒无害的水和盐，我们也就不觉得痛痒啦。

知识窗

中和反应

中和反应是指酸和碱相互作用，生成盐和水的反应，而且中和反应的用途十分广泛。

① 改变土壤的酸碱性，如酸雨会使土壤酸化，影响植物生长，通过施加适量的碱可以中和掉酸性物质，以保障植物良好生长。

② 厨房中的应用，如馒头在发酵时会产生一些酸性物质，加入碱性物质可以中和掉这些酸性物质，既能消除酸味，又能增强口感。

③ 用于医药卫生，如我们的胃液呈酸性，当胃酸过多时，我们就会感觉不适，这时医生会让我们口服一些碱性药物以中和胃酸，来减轻病情。

止痒小妙招

① 在涂上花露水、风油精等之前，先用手指弹一弹叮咬处，止痒效果更好。

② 用盐水涂抹或浸泡痒处，能够软化肿块，还可以有效止痒。

③ 芦荟叶的汁液也能止痒。被蚊子叮咬后，可切一小片芦荟叶，洗干净后掰开，在红肿处涂擦几下，就能消肿止痒。

芦荟

④ 大蒜能够有效地杀菌。可以把大蒜切成两半，然后涂抹在患处，止痒效果也很显著。

拓展阅读

"挑肥拣瘦"的蚊子

雌蚊为了繁衍后代，会吸食人或动物的血液。它可以通过敏锐的嗅觉迅速地发觉人和动物散发出的气味，锁定目标。

蚊子吸人血时还会"挑肥拣瘦"。蚊子在我们身边"嗡嗡"盘旋

吸血的蚊子

时，可以近距离感应我们的温度、湿度和汗液内所含有的化学成分。雌蚊首先叮咬体温较高、爱出汗的人。因为体温高、爱出汗的人身上分泌出的气味中含有较多的氨基酸、乳酸和氨类化合物，极易引诱蚊子。因此我们在烈日下玩耍时，更易被雌蚊叮咬。

5.6
能煮粥的保温杯

我们都知道，煮粥肯定要用到锅，要么烧气，要么用电！煮粥的过程对于早上想睡懒觉的人来说是非常漫长而痛苦的！而且早上起来煮好的粥通常都比较烫，难以快速下肚！

今天，我们就用家家户户都有的家居宝贝——保温杯，教大家一种既不用烧气，也不用插电，还可以节约早上的宝贵时间的煮粥方法！你是不是已经迫不及待了呢？

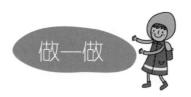
做一做

第一步：准备材料

如右图所示，准备好小米、沸水、保温杯。

第二步：
把米淘洗干净，放入保温杯。

第三步：

注入适量沸水，盖上保温杯的盖子，6～8小时之后就可以享受美味了。如果你喜欢喝滋补粥，可以事先放一些枸杞、大枣等食物；如果你喜欢喝浓一点的粥，可以多放一些米。这种方法特别适合前一天晚上来做，第二天早上配点儿咸菜来吃，非常完美！

科学揭秘

保温杯可以煮饭的秘密

我们常常有一个思维误区，认为煮东西都要达到100℃才会熟。其实，这是不正确的。例如谷物类食物，它们从生到熟，主要是谷物中的淀粉类物质完全糊化的过程。而温度只要在60℃，并持续一段时间，淀粉就会糊化。我们把煮沸的开水倒入到保温杯中，能保持3～4小时的80℃高温环境，在这段时间中，米粒经热传导使谷物中的淀粉慢慢糊化，大米也就煮熟了！

参考文献

[1] 佚名. 使用保养9问不粘锅[J]. 监督与选择，2006（8）：36.

[2] 佚名. 不粘锅——能克服传统锅的缺点吗[J]. 监督与选择，2005（1）：
  25.

[3] 佚名. 冰箱的20个另类用途[J]. 安全与健康，2013（4）：56.

[4] 郑继舜、杨昌举. 关于蔬菜腌制的基本原理及其应用[J]. 中国酿造，
  1982（5）：1-2.

[5] 王蕊. 木糖醇在食品加工中的应用[J]. 农村新技术，2010（12）：26-
  27.

[6] 艾志录. 用于代替糖的几种甜味剂[J]. 农产品加工，2012（1）：10.

[7] 3M新雪丽产品组：人体冷暖舒适性及服装保暖材料[J]. 中国个体防护
  装备，2004（2）：25.

[8] 胡伯康. 服装材料的保暖性[J]. 北京纺织，1986（4）：15.

[9] 程彦钧. 美国新开发的可加热保暖型智能衣[J]. 电子技术，2007（2）：
  13-17.

[10] 孔繁琳. 新型保暖服的吸附材料热特性[J]. 纺织学，2005（12）：62-64.

[11] 孟继本. 致变色材料的五大应该领域[J]. 化工管理，2012（12）：64-65.

[12] 李明，王培义，田怀香. 香料香精应用基础[M]. 北京：中国纺织出版
  社，2010.

[13] 塞冬. 头发为什么会变白[J]. 医疗报警器具，2006（12）：67-68.

[14] 李琳. 你的遮阳伞真的遮阳吗[J]. 大众标准化，2009（7）：31-32.

[15] 林建明. 古今中外话伞趣[J]. 科学之友，1997（7）：28.

[16] 林大林. 抗紫外涤纶纤维的性能及应用[J]. 针织工业，1999（3）：
  28-30.

[17] 瑞祥. 16个驱蚊妙招，让你安然度过夏天[J]. 山东农机化，2010（7）：
  33.

[18] 谷啸先. 蚊虫叮咬不用清凉油、风油精[J]. 医药世界，2008（5）：
  16-17.